Redshift factor, Absolute redshift, Galaxies red / blue distribution

Redshift factor, Absolute redshift, Galaxies red / blue distribution
Jan Slowak

Jan Slowak

Redshift factor, Absolute redshift, Galaxies red / blue distribution

Redshift factor, Absolute redshift, Galaxies red / blue distribution
Jan Slowak

Copyright © Jan Slowak 2015
Förlag och tryck: BoD
ISBN: 978-91-7463-674-1

Redshift factor, Absolute redshift, Galaxies red / blue distribution
Jan Slowak

For Ida,
my daughter

ex nihilo nihil fit

Redshift factor, Absolute redshift, Galaxies red / blue distribution
Jan Slowak

Innehåll/Content

1) English/Engelsk version .... sida/page 7
2) Swedish/Svensk version .... sida/page 37

Redshift factor, Absolute redshift, Galaxies red / blue distribution
Jan Slowak

Introduction

In this article I intend to do a walk through the Big Bang theory. I will present my analysis of existing data and how this analysis contradicts the main argument for the Big Bang, known as "galaxies escape".

Historical review

In the begining of 1900-th, most cosmologists thought that the universe was eternal and static.

1915 - Albert Einstein developed Theory of General Relativity which provides a better theory of gravity than Newton's. He applies his new theory on the entire universe and conclude that the universe would collapse under gravity. Einstein solves this by introducing so-called cosmological constant that counteracts gravity. This constant

Redshift factor, Absolute redshift, Galaxies red / blue distribution
Jan Slowak

prevents the universe to collapse and we still have a static and eternal universe.

Alexander Fridman and George Lemaître reject the cosmological constant and proposes that the universe is dynamic. They present the theory that the universe expands. But their expanding universe dismissed. There is no concrete evidence.

Most scientists still believe that the universe is eternal and static.

In the meantime they make great progress in astronomy and with it in cosmology. They build new telescopes, develop new methods to measure distances to cosmic objects. Spectroscopy will play a crucial role.

People analyze the spectra of light from distant nebulae / galaxies.
Wavelengths of light are slightly offset, and this is explained by the Doppler effect (only!):

Redshift factor, Absolute redshift, Galaxies red / blue distribution
Jan Slowak

- If a cosmic object approaching, the light is shifted toward shorter wavelengths - blue shift
- If a cosmic object moves away, the light is shifted towards longer wavelengths - redshift

It turns out that the light from "most galaxies" are redshifted as interpreted that these galaxies are moving away from the Milky Way!

1929 - Edwin Hubble shows that there is a direct relationship between galaxies distance and speed, a fact known as Hubble's law.

These new measurements of galaxies light, that most galaxies are moving away from us gives rise to the concept of "galaxies escape". And this was an argument that supported the theory of an expanding universe.
This argument was so evident that even Einstein changes his mind and supports the Big Bang theory.

But most astronomers and cosmologists still

believe in the traditional model of an eternal and static universe.

My background

Since long ago, from the first contact with the Big Bang theory, I was its opponent, I could not accept it.
Everything we had read in school, in physics and chemistry lessons, was based on the following motto:
ex nihilo nihil fit!

And suddenly, the whole universe arise from nothing, matter, space, time, everything!

Remember how it all began! Remember that without Hubble's "galaxies escape" the Big Bang would did not had a chance.
This argument is based on measurements of the distance to a number of galaxies, and measurements of the redshift of the light.

Redshift factor, Absolute redshift, Galaxies red / blue distribution
Jan Slowak

They applied the Doppler effect and Voila! "most" galaxies moves away from us.

But they have not analyzed the dependence between distance and redshift.

And this mistake has created the theory of the Big Bang. After this they created the theory of inflation to explain everything else that was inconsistent with the observations of our universe.
After this they created dark matter and dark energy to explain everything else that was inconsistent with the observations of our universe.
...

Redshift factor, Absolute redshift, Galaxies red / blue distribution
Jan Slowak

In my article, I show that the main argument for the Big Bang theory, "galaxies escape," is not true.

My arguments is based on analysis of data from the database NED Redshift-Independent Distances from
http://ned.ipac.caltech.edu/Library/Distances/

This article is based on a downloaded file from 6 October 2014 (NED D V9.3.0). The file contains 26,790 entries.

Below there is a table with explanations for the name of the columns in my tables, formulas, and more.

Redshift factor, Absolute redshift, Galaxies red / blue distribution
Jan Slowak

Columns from NED		My denomination
Galaxy ID	NED "Preferred Object Name" for the host galaxy	GID
D	Record index	DNR
G	Object index	GNR
D (Mpc)	Metric distance (in units of Mpc)	d
redshift (z)		z

A look at the data raises questions

The database NED has for each galaxy / cosmic objects one or more different measurements of distance and redshift. In the database there are cosmic objects for which the redshift is not specified. These items are excluded from further consideration.

In the table below, T01, I show six cosmic objects which pairwise have the same redshift, but whose distance from us differ by a factor of between 1.3 and 5.5.

Redshift factor, Absolute redshift, Galaxies red / blue distribution
Jan Slowak

T01:

GID	DNR	GNR	d	z
COMBO-17 19434	19402	4740	4,050	1.551000
SN 2003ak	999999	4740	5,540	1.551000
COMBO-17 40328	19268	4718	1,150	1.400000
SN 2002fx	999999	4718	6,420	1.400000
COMBO-17 29383	19274	4720	2,570	1.370000
SN HST04Mcg	999999	4720	4,690	1.370000

Hubble's law: $v = H_0*d$.
Take the example in the middle:
COMBO-17 40328_1 and SN $2002fx_2$ have the same z (redshift), meaning that they move with the same speed ($v = z * c$). But according to Hubble's law follows
$v_2/v_1 = H_0*d_2/H_0*d_1$,
$v_2/v_1 = 6420/1150 = 5.5$ ...
v_2 is about 5.5 times larger than v_1.
This is a contradiction.

The examples show that:
Parts of the universe with different distances from us, has the same redshift,

are receding from us at the same speed.

In the next table, T02, I show the second six cosmic objects which pairwise have the same distance to us but whose redshift differs by a factor of between 2.8 and 4.5.

T02:

GID	DNR	GNR	d	z
NGC 2986	33160	7539	32.9	0.007680
SN 2005M	999999	7466	32.9	0.022012
NGC 2441	28865	6588	125.0	0.011580
SN 1999aw	999999	8578	125.0	0.040000
SDSS-II SN 16218	75741	16836	560.0	0.029655
SDSS-II SN 20528	999999	4036	560.0	0.135691

Hubble's law: $v = H_0 * d$.
According to Hubble's law, two objects at the same distance from us shall have same speed.

Data from table T02 is in violation of Hubble's law: $v = H_0 * d$ versus $v = z * c$.

Redshift factor, Absolute redshift, Galaxies red / blue distribution
Jan Slowak

The examples show that:
Parts of the universe that are at the same distance from us, have different redshift, are receding from us at different speeds.

Analysis of data

These two conclusions are in contradiction with the claim that the universe expands according to Hubble's law.
These two issues / contradictions have done that I continued to analyze data from NED.

For each object from the file above we calculate the following:

1) zd = z / d,
redshift divided by distance
zd = redshift per unit distance
unit for zd is Mpc^{-1}

2) zf = SUM(zd) / number of entries (objects)

zf = redshift factor (my denomination)
unit of zf is Mpc^{-1}

this quantity is calculated once for the entire amount of data.
$zf = 0.000239 \ Mpc^{-1}$

we can say this:
if a cosmic object is at a distance $d = 1 \ Mpc$, this object should have a redshift
$z = 0.000239$;
if a cosmic object is at a distance $d = 2 \ Mpc$, this object should have redshift
$z = 2 \ Mpc * 0.000239 \ Mpc^{-1} = 0.000478$

and vice versa:
if we have an object with redshift
$z = 0.000239$, this object should be at a distance $d = 1 \ Mpc$;
if we have an object with redshift
$z = 0.000717$, this bject should be at a distance
$d = 0.000717 / 0.000239 \ Mpc^{-1} = 3 \ Mpc$

Redshift factor, Absolute redshift, Galaxies red / blue distribution
Jan Slowak

this factor, *zf*, shows how much wavelength of the light is changed per unit distance, *Mpc*, how much the light is affected by the space through which it passes

3) $d(z, zf) = z/zf$
***d(z, zf)* = calculated distance** using *redshift* and *redshift factor*

4) $z(d, zf) = d*zf$
***z(d, zf)* = calculated redshift** using *distance* and *redshift factor*

5) $dif(d) = d - d(z, zf)$
dif(d) = the difference between object's *measured distance* and *the calculated distance*

6) $dif(z) = z - z(d, zf)$
dif(z) = the difference between object's *measured redshift* and *the calculated redshift*

Redshift factor, Absolute redshift, Galaxies red / blue distribution
Jan Slowak

We look at an example (fictitious) and assesses the implications of *dif(z) = z-z(d, zf)*.

Say we have measured the distance to a cosmic object to 2 Mpc and the redshift of 0.000555. Say that the estimated *redshift factor* is 0.000250.

We have:
d = 2 Mpc
z = 0.000555
zf = 0.000250
*z(d, zf) = d * zf = 2 * 0.000250 = 0.000500*
dif (z) = 0.000555 - 0.000500 = 0.000055

The measured redshift is primarily not an indication of the object's speed, but on its distance to us!

We can say that for the light from a cosmic object *dif (z)* is the measured redshift minus the redshift caused by the

Redshift factor, Absolute redshift, Galaxies red / blue distribution
Jan Slowak

distance to the object.

dif (z) = the absolute redshift, az, (my denomination)

The absolute redshift is part of the measured redshift showing the object's true radial velocity!

If *the absolute redshift* is positive, we have to do with redshift of light, if *the absolute redshift* is negative, we have to do with the blueshift of light.

The above calculations have been applied to all objects from the file and here we have the result:

T03:

Population	zf	Num obj	Num red z	% red z	Num blue z	% blue z
NED-D	0.000239	26,790	13,018	48.6	13,772	51.4

Redshift factor, Absolute redshift, Galaxies red / blue distribution
Jan Slowak

It's hard to believe!
Number of galaxies / cosmic objects with redshift is not "most" as the Big Bang theory says.

Because we have so many different measurements of distance, I worked nine different populations according to the model above.

The result is shown in the table T04: we see here that all populations show that the distribution of objects redshift and blue shift is roughly 50/50!

Redshift factor, Absolute redshift, Galaxies red / blue distribution
Jan Slowak

T04:

Population	zf	Num obj	Num red z	% red z	Num blue z	% blue z
NED-D	0.000239	26,790	13,018	48.6	13,772	51.4
AVED-AVEZ	0.000225	6,697	3,784	56.5	2,913	43.5
AVED-MAXZ	0.000226	6,697	3,750	56.0	2,947	44.0
AVED-MINZ	0.000225	6,697	3,750	56.0	2,947	44.0
MAXD-AVEZ	0.000201	6,697	3,670	54.8	3,027	45.2
MAXD-MAXZ	0.000201	6,697	3,702	55.3	2,995	44.7
MAXD-MINZ	0.000200	6,697	3,677	54.9	3,020	45.1
MIND-AVEZ	0.000280	6,697	2,709	40.5	3,988	59.5
MIND-MAXZ	0.000281	6,697	2,686	40.1	4,011	59.9
MIND-MINZ	0.000279	6,697	2,716	40.6	3,981	59.4

Below we show normal distribution of zd for population NED-D (all records from the database where there are d and z).

Redshift factor, Absolute redshift, Galaxies red / blue distribution
Jan Slowak

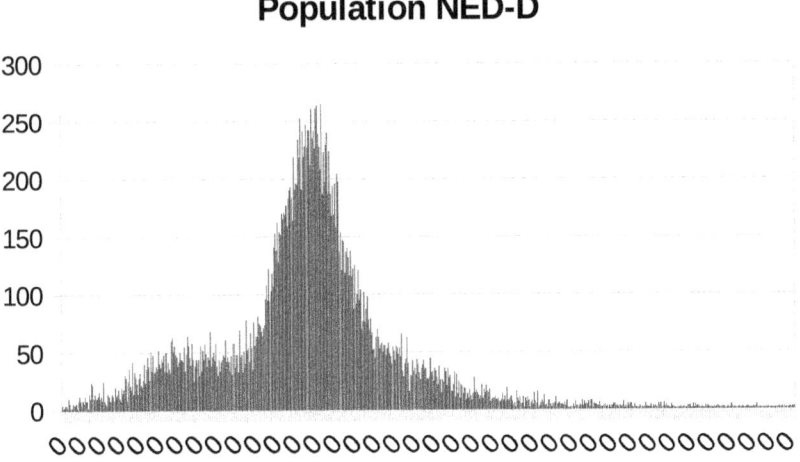

For this population, we have the following information regarding the standard deviation:

zf (average)
0.000238742245368326

sd (standard deviation)
0.000103209203150304

zf-1sd
0.000135533042218022

Redshift factor, Absolute redshift, Galaxies red / blue distribution
Jan Slowak

$zf+1sd$
0.000341951448518630

$zf-2sd$
0.000032323839067718

$zf+2sd$
0.000445160651668934

$n=26790$
$n1sd=21310$ %$n1sd=21310/26790*100=79.5$
$n2sd=26046$ %$n2sd=26046/26790*100=97.2$

79.5% of the values are within one standard deviation (theory needs 68%) and 97.2% are within two standard deviations.

Epilogue

What does this result say? What can we do with all these new concepts/entities? Two of them, $d(z, zf)$ and $dif(z)$, or az, we can use:

$d(z, zf)$ = calculated distance
Most entries from NED and all records from the SDSS (Sloan Digital Sky Survey) show only redshift but not distance!
We can use the **$d(z, zf)$** to calculate the distance to astronomical objects if we have their redshift. It will not be exact, we use in the calculation zf which is an average of so far made measurements.

az = the absolute redshift
Due to $az = z\text{-}z(d, zf)$, we can use this concept/quantities only on the objects where their distance d was calculated by other methods (than using Hubble's Law).

Redshift factor, Absolute redshift, Galaxies red / blue distribution
Jan Slowak

What a result! Galaxies move in all directions, there is no obvious tendency that "most" of them would be moving away from us.

There is no expansion!
There was no Big Bang!

We visualize our new concepts of two objects from the population AVED_AVEZ:

1) NGC 5253, d= 3.6 Mpc, $z = 0.001358$
2) NGC 9646, d= 6.2 Mpc, $z = 0.000160$
Redshift z from both objects is positive (> 0), which according to current theory implies that these two objects are moving away from us. Judge for yourself below!

Redshift factor, Absolute redshift, Galaxies red / blue distribution
Jan Slowak

NGC 5253
zf = 0.000225

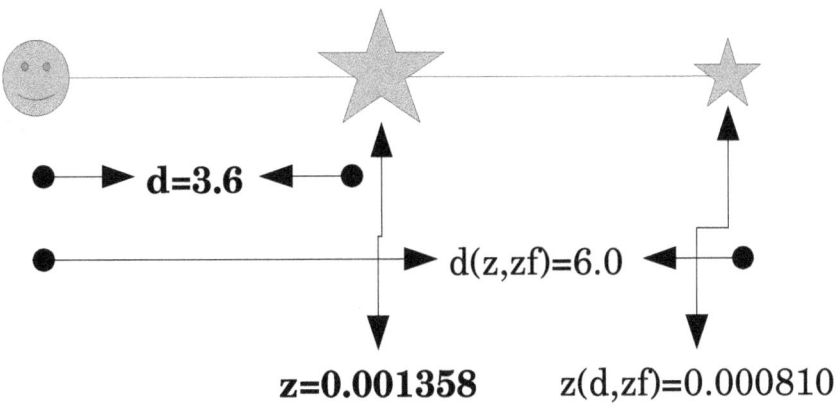

dif(z) = z-z(d,zf) = 0.001358-0.000810 = 0.000548

dif(z) > 0
absolute redshift

↓

redshift

Redshift factor, Absolute redshift, Galaxies red / blue distribution
Jan Slowak

NGC 6946
zf = 0.000225

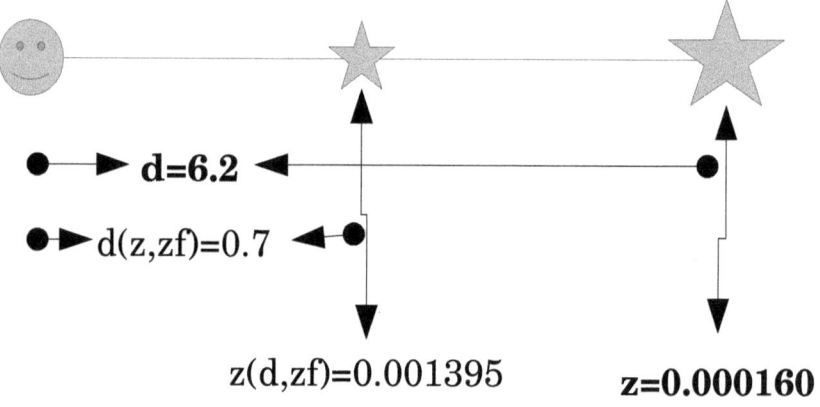

$z(d,zf) = 0.001395$　　　　**z = 0.000160**

$dif(z) = z - z(d,zf) = 0.000160 - 0.001395 = -0.001235$

$dif(z) < 0$
absolute redshift

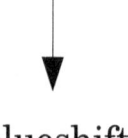

blueshift

Redshift factor, Absolute redshift, Galaxies red / blue distribution
Jan Slowak

Consequences

K1: The main consequence of the above analysis is an argument against "galaxies escape". And thus the fact that the universe has no expansion. And thus that no Big Bang took place. And thus there is no need of theory of inflation.

K2: Second most important consequence is how *absolute redshift* affect the calculation of the velocity of cosmic objects. We look at two cosmic objects:

GID	d	z	z(d,zf)	dif(z)	red shift	blue shift
MESSIER 066	10.10	0.002425	0.002414	0.000011	1	0
MESSIER 101	6.69	0.000804	0.001599	-0.000795	0	1

MESSIER 066:
a) we calculate speed using Hubble's law, $v = H_0 * d$, where H_0 is the Hubble constant,

about 70 km / s / Mpc:
v = 70 km / s / Mpc * 10.10 Mpc = 707 km / s
b) we calculate speed using *redshift*,
v = *z* * c, where c is the speed of light:
v = 0.002425 * 300000 km / s = 727.5 km / s

c) now we calculate the speed using the *absolute redshift* and the speed of light:
v = 0.000011 * 300000 km / s = 3.3 km / s

There is a big difference, about 700 km / s over about 3 km / s! Both *z* and *dif (z)* = *az* is positive which means that the object is moving away from us.

MESSIER 101:
a) we calculate speed using Hubble's law,
v = 70 km / s / Mpc * 6.69 Mpc = 468.3 km / s

b) we calculate speed using *redshift*,
v = 0.000804 * 300000 km / s = 241.2 km / s

c) now we calculate the speed using the *absolute redshift* and the speed of light:
v = -0.000795 * 300000 km / s = -238.5 km / s

In this case, z is positive that according to the Big Bang, the object is moving away from us; but $dif(z) = az$ is negative, which according to my calculation means that the object is moving toward us.

K3: Today they use z, *redshift*, to calculate the galactic rotation. If you use az, *absolute redshift*, you will have completely different rotational speeds.
I hope that the new v elocities would be such that no dark matter is needed to compensate for galaxies for high rotational speeds.

It turns out that speeds according to current theory is in average 37 times larger than those calculated using the *absolute redshift*. This value, we get on the following way (from the

file with 26,790 records):
$SUM\ (z\ /\ az)\ /\ 26{,}790 = 36.94$
We take an example that matches above average: NGC 1725, d = 52,60 Mpc, z = 0,012920, az = 0,000349
b)
v_b = 0,012920 * 300000 km/s = 3876 km/s
c)
v_c = 0,000349 * 300000 km/s = 104,7 km/s

v_b/v_c = 3876/104,7 = 37,02

K4: As we saw, my calculations show that no expansion of the universe takes place. No Big Bang. This also means that we can no longer talk about the age of the universe.
Nor should we make use of expressions such as "since the universe was created" ...

K5: We can instead calculate the distance to cosmic objects if we know their *z, redshift*. The items from the NED file that has the greatest *z* is GRB 090423.

Redshift factor, Absolute redshift, Galaxies red / blue distribution
Jan Slowak

The calculated distance becomes
$d(z, zf) = z / zf$ = 8,260000 / 0,000239 =
34 560 Mpc = 34.5 Gpc = 34.5 billion parsec.
And this is about 34.5 * 3.26 billion light years
= about 112 billion light years.

K6: It is said that even the background radiation is actually light with extreme *redshift, z = 1000*.

Then, according to the formula $d(z, zf) = z / zf$, we get a distance of
d = 1000 / 0.000239 Mpc^{-1} = 4 184 100 Mpc = 13 640 016 M light years = 13.6 * 10^{12} light years.

This means that the background radiation is the "rest" of the light which has traveled to us from a distance of immense 13.6 thousands billions light years!

A light year is about 9,461 billion km. This means that the background radiation is the

Redshift factor, Absolute redshift, Galaxies red / blue distribution
Jan Slowak

"rest" of the light which has traveled to us under immense 128 millions billions billions years!

So, background radiation is not "track" after the Big Bang, but it is the weaker light from such immense distances from us that it is impossible to imagine it!

This article is based on my past three publications, all with the title Bye-Bye Big Bang.

I am grateful if the reader comes with comments on my email address: jan.slowak@gmail.com

Enter the subject: Redshift factor.

Redshift factor, Absolute redshift, Galaxies red / blue distribution
Jan Slowak

Notes:

Redshift factor, Absolute redshift, Galaxies red / blue distribution
Jan Slowak

Notes:

Redshift factor, Absolute redshift, Galaxies red / blue distribution
Jan Slowak

Introduktion

I denna artikel har jag som avsikt att göra en kort genomgång av Stora Smällen-teorin, *Big Bang*. Jag kommer att framlägga min analys av befintligt data och hur denna analys motsäger det viktigaste argumentet för Big Bang, så kallad "galaxernas flykt".

Historisk tillbakablick

Vid sekelskiftet 1900 hade de flesta kosmologer uppfattning att universum var evigt och statiskt.

1915 – Albert Einstein utvecklar den Allmänna relativitetsteorin som ger en bättre gravitationsteori än Newtons. Han tillämpar sin nya teorin för hela universum och drar slutsatsen att universum borde kollapsa under tyngdkraften. Einstein löser detta genom att införa så kallad kosmologisk konstant, som motverkar tyngdkraften. Denna konstant hindrar universums kollaps och vi har fortfarande ett statiskt och evigt universum.

Alexander Fridman och George Lemaître förkastar den kosmologiska konstanten och lägger fram förslag att universum är dynamiskt. De lägger fram teorin att universum utvidgar sig. Men deras expanderande universum avfärdas. Det saknas konkreta bevis.

De flesta forskare anser fortfarande att universum är evigt och statiskt.

Under tiden görs stora framsteg inom astronomin och i och med det inom kosmologin. Det byggs nya teleskop, det utvecklas nya metoder att mäta avstånd till kosmiska objekt. Spektroskopin kommer att spela en avgörande roll.

Man analyserar spektra från ljuset som

kommer från avlägsna nebulosor/galaxer. Ljusets våglängder är lätt förskjutna och detta förklaras genom dopplereffekten (*endast!*):
- hos ett kosmiskt objekt som närmar sig är ljuset förskjutet mot kortare våglängder - *blåförskjutning*
- hos ett kosmiskt objekt som avlägsnar sig är ljuset förskjutet mot längre våglängder - *rödförskjutning*

Det visar sig att ljuset från flertalet galaxer är rödförskjutet som tolkas att dessa galaxer rör sig bort från Vintergatan!

1929 – Edvin Hubble visar att det råder ett direkt förhållande mellan galaxernas avstånd och deras fart, ett faktum som kallas Hubbles lag.

Dessa nya mätningar av galaxernas ljus, att de flesta galaxer rör sig bort ifrån oss ger upphov till begreppet "galaxernas flykt". Och detta var

ett argument som stödde teorin om ett utvidgande universum.
Detta argument var så påtagligt att även Einstein ändrar uppfattning och stödjer Stora Smällen – teorin.

Men de flesta astronomer och kosmologer tror fortfarande på den traditionella modellen med ett evigt och statiskt universum.

Min bakgrund

Sedan länge sedan, från den första kontakten med Big Bang teorin, var jag dess motståndare, jag kunde inte acceptera det. Allt vi hade läst i skolan, på fysik- och kemilektioner, baserades på följande motto: ex nihilo nihil fit!

Och plötsligt, hela universum uppstår från ingenting, materia, utrymme, tid, allt!

Redshift factor, Absolute redshift, Galaxies red / blue distribution
Jan Slowak

Kom ihåg hur det hela började! Kom ihåg att utan Hubbles "galaxernas flykt" skulle Big Bang inte haft en chans.
Detta argument bygger på mätningar av avståndet till ett antal galaxer, och mätningar av ljusets rödförskjutning.
De tillämpade Dopplereffekten och Voilà! "de flesta" galaxer rör sig bort från oss.

Men de har inte analyserat beroendet mellan avstånd och rödförskjutning.

Och *denna miss* har skapat teorin om Big Bang. Sedan skapades inflationsteorin för att förklara allt annat som var oförenligt med iakttagelser av vårt universum.
Sedan skapade man mörk materia och mörk energi för att förklara allt annat som var oförenligt med iakttagelser av vårt universum.
...

Redshift factor, Absolute redshift, Galaxies red / blue distribution
Jan Slowak

I min artikel visar jag att det viktigaste argumentet för Big Bang teorin, "galaxernas flykt", är inte sant.

Mina argument baseras på analys av data från databasen NED Redshift-Independent Distances från
http://ned.ipac.caltech.edu/Library/Distances/

Denna artikel är baserad på en nedladdad fil från den 6 oktober 2014 (NED-D V9.3.0). Filen innehåller 26 790 poster.

Nedan följer en tabell med förklaringar till kolumnernas benämning i mina tabeller, formler, med mera.

Redshift factor, Absolute redshift, Galaxies red / blue distribution
Jan Slowak

Columner från NED		Min benämning
Galaxy ID	NED "Preferred Object Name" for the host galaxy	GID
D	Record index	DNR
G	Object index	GNR
D (Mpc)	Metric distance (in units of Mpc)	d
redshift (z)		z

En titt på data väcker frågor

Databasen NED har för varje galax / kosmiskt objekt en eller flera olika mätningar av avstånd och rödförskjutning. I databasen finns kosmiska objekt för vilka rödförskjutning inte specificeras. Dessa objekt är uteslutna från vidare behandling.

I tabellen nedan, T01, visar jag sex kosmiska objekt som parvis har samma rödförskjutning men vars avstånd från oss skiljer sig med en faktor på mellan 1,3 och 5,5.

Redshift factor, Absolute redshift, Galaxies red / blue distribution
Jan Slowak

T01:

GID	DNR	GNR	d	z
COMBO-17 19434	19402	4740	4050	1,551000
SN 2003ak	999999	4740	5540	1,551000
COMBO-17 40328	19268	4718	1150	1,400000
SN 2002fx	999999	4718	6420	1,400000
COMBO-17 29383	19274	4720	2570	1,370000
SN HST04Mcg	999999	4720	4690	1,370000

Hubbles lag: $v = H_0 * d$.
Ta exemplet i mitten:
COMBO-17 40328_1 och SN $2002fx_2$ har samma
z (rödförskjutning), vilket innebär att de rör
sig med samma hastighet ($v = z * c$). Men
enligt Hubbles lag följer
$v_2/v_1 = H_0*d_2/H_0*d_1$,
$v_2/v_1 = 6420/1150 = 5,5$ ...
v_2 är ungefär 5,5 gånger större än v_1.
Detta är en motsägelse.

Exemplen visar att:
Delar av universum med olika avstånd från oss har samma rödförskjutning,

Redshift factor, Absolute redshift, Galaxies red / blue distribution
Jan Slowak

utvidgar sig med samma hastighet.

I nästa tabell, T02, visar jag andra sex kosmiska objekt som parvis har samma avstånd till oss men vars rödförskjutning skiljer sig med en faktor på mellan 2,8 och 4,5.

T02:

GID	DNR	GNR	d	z
NGC 2986	33160	7539	32,9	0,007680
SN 2005M	999999	7466	32,9	0,022012
NGC 2441	28865	6588	125,0	0,011580
SN 1999aw	999999	8578	125,0	0,040000
SDSS-II SN 16218	75741	16836	560,0	0,029655
SDSS-II SN 20528	999999	4036	560,0	0,135691

Hubbles lag: $v = H_0 * d$.
Enligt Hubbles lag, ska två objekt på samma avstånd från oss ha samma hastighet.

Uppgifter från tabellen T02 är i strid med Hubbles lag: $v = H_0 * d$ kontra $v = z * c$.

Redshift factor, Absolute redshift, Galaxies red / blue distribution
Jan Slowak

Exemplen visar att:
Delar av universum som är på samma avstånd från oss, har olika rödförskjutning, utvidgar sig med olika hastigheter.

Analys av data

Dessa två slutsatser är i strid med påståendet att universum expanderar enligt Hubbles lag. Dessa två frågor / motsättningar har gjort att jag fortsatte att analysera data från NED.

För varje objekt från filen ovanför beräknar vi följande:

1) $zd = z / d$
rödförskjutning dividerat med avståndet
zd = **rödförskjutning per avståndsenhet enhet för zd är Mpc^{-1}**

2) zf = SUM *(zd)* / *antal poster (objekt)*

Redshift factor, Absolute redshift, Galaxies red / blue distribution
Jan Slowak

zf = rödförskjutningsfaktor (min benämning)
enhet för zf är Mpc^{-1}

detta värde beräknas en gång för hela mängden data

$zf = 0{,}000239\ Mpc^{-1}$

Vi kan säga så här:
om ett objekt är på ett avstånd $d = 1\ Mpc$ bör detta objekt ha en rödförskjutning
$z = 0{,}000239\ Mpc^{-1}$
om ett objektet är på ett avstånd $d = 2\ Mpc$ bör detta objekt ha rödförskjutning
$z = 2\ Mpc * 0{,}000239\ Mpc^{-1} = 0{,}000478$

och vice versa:
om vi har ett objekt med rödförskjutning
$z = 0{,}000239$, bör detta objekt vara på ett avstånd $d = 1\ Mpc$
om vi har ett föremål med rödförskjutning
$z = 0{,}000717$, bör detta objekt vara på ett avstånd

Redshift factor, Absolute redshift, Galaxies red / blue distribution
Jan Slowak

$$d = 0{,}000717 \ / \ 0{,}000239 \ Mpc^{-1} = 3 \ Mpc$$

denna faktor, *zf*, visar hur mycket ljusets våglängd ändras per avståndsenhet, Mpc, hur mycket ljuset påverkas av rymden genom vilken det passerar

3) d (z, zf) = z / zf
***d (z, zf)* = beräknat avstånd** med hjälp av *rödförskjutning* och *rödförskjutningsfaktor*

*4) z (d, zf) = d * zf*
***z (d, zf)* = beräknad rödförskjutning** med hjälp av *avstånd* och *rödförskjutningsfaktor*

5) dif (d) = d - d (z, zf)
dif (d) = skillnaden mellan objektets uppmäta *avstånd* och *det beräknade avståndet*

6) dif (z) = z - z (d, zf)
dif (z) = skillnaden mellan objektets uppmäta *rödförskjutning* och *den beräknade*

rödförskjutningen

Vi tittar på ett exempel (fiktivt) och bedömer konsekvenserna av *dif (z) = z - z (d, zf)*.

Säg att vi har mätt *avståndet* till ett kosmiskt objekt till 2 Mpc och *rödförskjutningen* till *0,000555*. Säg att den beräknade *rödförskjutningsfaktorn är 0,000250*.

Vi har:
$d = 2\ Mpc$
$z = 0,000555$
$zf = 0,000250\ Mpc^{-1}$
$z(d, zf) = d * zf = 2\ Mpc * 0,000250\ Mpc^{-1}$
$= 0,000500$
$dif(z) = 0,000555 - 0,000500 = 0,000055$

Den uppmätta rödförskjutningen är, primärt, inte en indikation på objektets hastighet, utan på dess avstånd till oss!

Redshift factor, Absolute redshift, Galaxies red / blue distribution
Jan Slowak

Vi kan säga att för ljuset från ett kosmiskt objekt dif (z) är den uppmätta rödförskjutningen minus rödförskjutningen som orsakas av avståndet till objektet.

dif (z) = den absoluta rödförskjutningen, az, (min benämning)

***Den absoluta rödförskjutningen* är delen av *den uppmätta rödförskjutningen* som visar objektets verkliga, radiella hastighet!**

Om *den absoluta rödförskjutningen* är positiv, har vi att göra med rödförskjutning av ljuset, om *den absoluta rödförskjutningen* är negativ, har vi att göra med blåförskjutning av ljuset.

Ovan beräkningar har tillämpats på alla objekt från filen och här har vi resultatet:

Redshift factor, Absolute redshift, Galaxies red / blue distribution
Jan Slowak

T03:

Population	zf	Antal obj	Ant röd z	% röd z	Ant blå z	% blå z
NED-D	0,000239	26 790	13 018	48,6	13 772	51,4

**Det är svårt att tro!
Antal galaxer / kosmiska objekt med rödförskjutning är inte "de flesta" som Big Bang teorin säger.**

Eftersom vi har så många olika mätningar av avstånd, gick jag igenom nio olika populationer enligt modellen ovan.
Resultatet visas i tabellen T04: vi ser här att alla populationer visar att fördelningen av objektens rödförskjutning och blåförskjutning är ungefär 50/50!

Redshift factor, Absolute redshift, Galaxies red / blue distribution
Jan Slowak

T04:

Population	zf	Antal obj	Ant röd z	% röd z	Ant blå z	% blå z
NED-D	0,000239	26 790	13 018	48,6	13 772	51,4
AVED-AVEZ	0,000225	6 697	3 784	56,5	2 913	43,5
AVED-MAXZ	0,000226	6 697	3 750	56,0	2 947	44,0
AVED-MINZ	0,000225	6 697	3 750	56,0	2 947	44,0
MAXD-AVEZ	0,000201	6 697	3 670	54,8	3 027	45,2
MAXD-MAXZ	0,000201	6 697	3 702	55,3	2 995	44,7
MAXD-MINZ	0,000200	6 697	3 677	54,9	3 020	45,1
MIND-AVEZ	0,000280	6 697	2 709	40,5	3 988	59,5
MIND-MAXZ	0,000281	6 697	2 686	40,1	4 011	59,9
MIND-MINZ	0,000279	6 697	2 716	40,6	3 981	59,4

Nedan visas normalfördelning av zd för populationen NED-D (alla poster från databasen där det finns d och z).

Redshift factor, Absolute redshift, Galaxies red / blue distribution
Jan Slowak

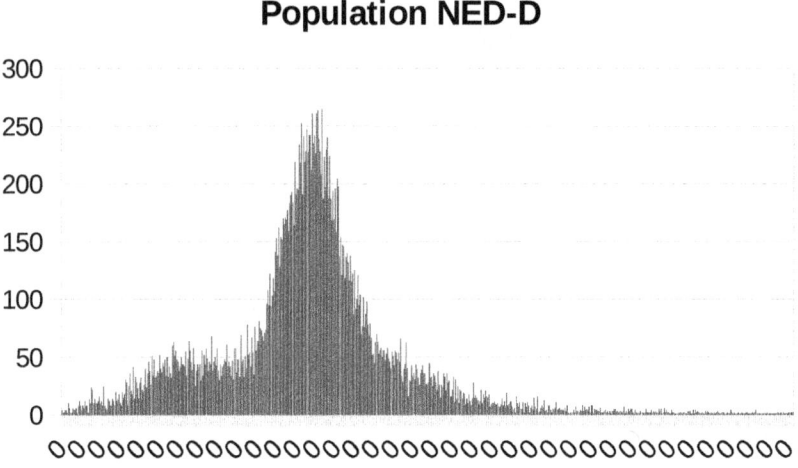

Population NED-D

För denna population har vi följande information om standardavvikelse:

zf (medelvärde)
0,000238742245368326

sd (standard deviation)
0,000103209203150304

zf-1sd
0,000135533042218022

Redshift factor, Absolute redshift, Galaxies red / blue distribution
Jan Slowak

zf+1sd

0,000341951448518630

zf-2sd

0,000032323839067718

zf+2sd

0,000445160651668934

n=26790
n1sd=21310 %n1sd=21310/26790*100=79,5
n2sd=26046 %n2sd=26046/26790*100=97,2

79,5% av värdena ligger inom en standardavvikelse (teorin kräver 68%) och 97,2% är inom två standardavvikelser.

Epilog

Vad säger oss detta resultat? Vad kan vi göra med alla dessa nya begrepp / stroheter? Två av dem, *d(z, zf)* och *dif(z)*, eller *az*, kan vi använda:

d(z, zf) = beräknat avstånd
De flesta poster från NED och alla poster från (Sloan Digital Sky Survey) SDSS visar bara rödförskjutning men inte avstånd! Vi kan använda *d(z, zf)* för att beräkna avstånd till astronomiska objekt om vi har deras rödförskjutning. Det kommer inte att vara exakt, vi använder i beräkningen *zf* som är ett genomsnitt av hittills gjorda mätningar.

az = absolut rödförskjutning
På grund av *az* = *z-z(d, zf)*, kan vi använda detta begrepp / storhet enbart på de objekt där avståndet *d* beräknades med andra metoder (än att använda Hubbles lag).

Redshift factor, Absolute redshift, Galaxies red / blue distribution
Jan Slowak

Vilket resultat! Galaxerna rör sig åt alla håll, det finns ingen påtaglig tendens att "de flesta" skulle röra sig bort från oss.

Det finns ingen utvidgning!
Det fanns ingen Big Bang!

Vi visualiserar våra nya beräkningar för två objekt från populationen AVED_AVEZ (medelvärde av avstånd – medelvärde av rödförskjutning):

1) NGC 5253, d = 3,6 Mpc, z = 0,001358
2) NGC 9646, d = 6,2 Mpc, z = 0,000160
Rödförskjutning z från båda objekten är positivt (> 0), vilket enligt nuvarande teori innebär att dessa två objekt är på väg bort från oss.
Döm själv nedan!

Redshift factor, Absolute redshift, Galaxies red / blue distribution
Jan Slowak

NGC 5253
zf = 0,000225

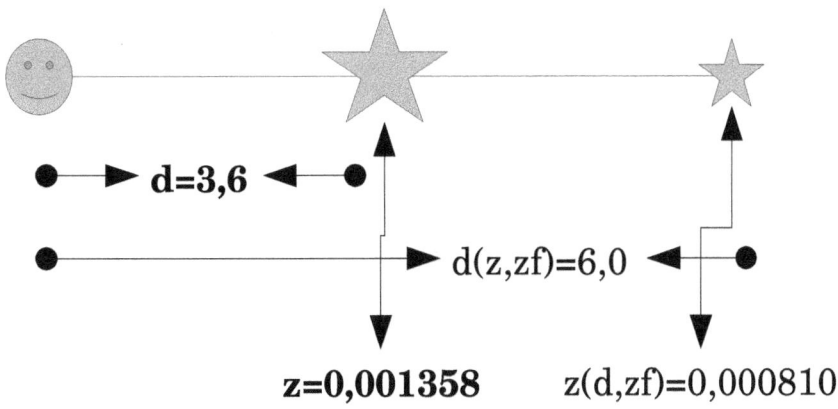

dif(z) = z-z(d,zf) = 0,001358-0,000810 = 0,000548

dif(z) > 0
absolut röd-/blåförskjutning

↓

rödförskjutning

Redshift factor, Absolute redshift, Galaxies red / blue distribution
Jan Slowak

NGC 6946
zf = 0,000225

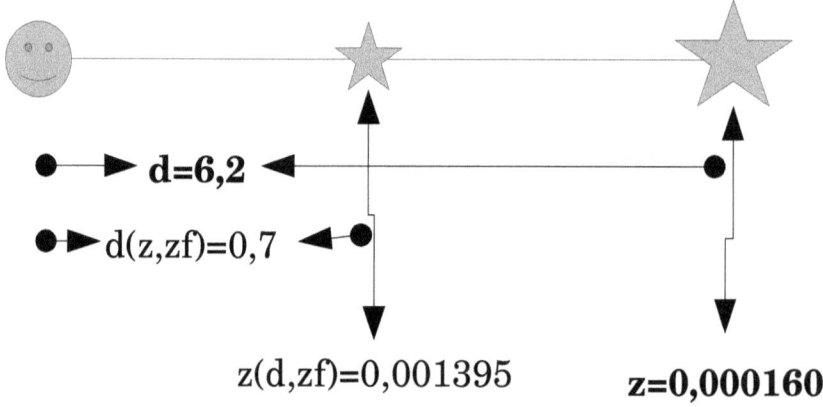

$dif(z) = z-z(d,zf) = 0,000160-0,001395 = -0,001235$

$dif(z) < 0$
absolut röd-/blåförskjutning

blåförskjutning

Konsekvenser

K1: Den viktigaste konsekvensen av analysen ovan är argumentet mot "galaxernas flykt". Och därmed faktum att universum har ingen utvidgning. Och därmed att ingen Big Bang ägde rum. Och därmed behövs det ingen inflationsteori.

K2: Näst viktigaste konsekvensen är hur *den absoluta rödförskjutningen (blåförskjutningen)* påverkar beräkningen av hastigheten av kosmiska objekt. Vi tittar på två kosmiska objekt:

GID	d	z	z(d,zf)	dif(z)	rf	bf
MESSIER 066	10,10	0,002425	0,002414	0,000011	1	0
MESSIER 101	6,69	0,000804	0,001599	-0,000795	0	1

MESSIER 066:
a) vi beräknar hastigheten med hjälp av Hubbles lag $v = H_0 * d$, där H_0 är Hubbles konstant, cirka 70 km/s/Mpc:

v = 70 km/s/Mpc * 10,10 Mpc = 707 km/s
b) vi beräknar hastigheten med hjälp av rödförskjutningen v = z*c, där c är ljusets hastighet:
v = 0,002425 * 300000 km/s = 727,5 km/s

c) nu beräknar vi hastigheten med hjälp av *den absoluta rödförskjutningen* och ljusets hastighet:
v = 0,000011 * 300000 km/s = 3,3 km/s

Det är stor skillnad, cirka 700 km/s gentemot cirka 3 km/s! Både *z* och *dif(z)* = *az* är positiva som innebär att objektet rör sig bort ifrån oss.

MESSIER 101:
a) vi beräknar hastigheten med hjälp av Hubbles lag
v = 70 km/s/Mpc * 6,69 Mpc = 468,3 km/s

b) vi beräknar hastigheten med hjälp av rödförskjutningen
v = 0,000804 * 300000 km/s = 241,2 km/s

c) nu beräknar vi hastigheten med hjälp av *den absoluta rödförskjutningen* och ljusets hastighet:

v = -0,000795 * 300000 km/s = -238,5 km/s

I detta fall är z positiv som enligt Big Bang innebär att objektet rör sig bort från oss; men *dif(z)* = az är negativ som enligt min beräkning innebär att objektet rör sig mot oss.

K3: Idag använder man z, *rödförskjutning*, för att beräkna galaxernas rotation. Om man använder az, *absolut rödförskjutning*, kommer man att få helt andra rotationshastigheter. Jag hoppas att de nya hastigheter blir sådana att ingen mörk materia behövs för att kompensera för galaxernas för höga rotationshastigheter.

Det visar sig att hastigheter enligt nuvarande teori är i medel 37 gånger större än de beräknade med hjälp av *den absoluta*

rödförskjutningen. Detta värde får vi på följande sätt (från filen med 26 790 poster):
SUM(z/az) / 26 790 = 36,94

Vi tar ett exempel som matchar ovan medelvärde: NGC 1725, d = 52,60 Mpc, z = 0,012920, az = 0,000349
b)
v_b = 0,012920 * 300000 km/s = 3876 km/s
c)
v_c = 0,000349 * 300000 km/s = 104,7 km/s

v_b/v_c = 3876/104,7 = 37,02

K4: Som vi såg, visar ovan beräkningar att ingen utvidgning av universum äger rum. Ingen Big Bang. Detta innebär också att vi kan inte längre prata om universums ålder. Inte heller ska vi använda oss av uttryck som "sedan universum skapades" ...

K5: Vi kan istället beräkna avstånd till

Redshift factor, Absolute redshift, Galaxies red / blue distribution
Jan Slowak

kosmiska objekt om vi känner deras z, *rödförskjutning*. Det objekt från NED-filen som har störst z är GRB 090423. Det beräknade avståndet blir då
$d(z, zf) = z / zf = 8,260000 / 0,000239$ Mpc^{-1}
$= 34\ 560$ Mpc $= 34,5$ Gpc $= 34,5$ miljarder parsec.
Och detta är cirka 34,5* 3,26 miljarder ljusår = cirka 112 miljarder ljusår.

K6: Man säger att även bakgrundsstrålningen är faktiskt ljus med extrem rödförskjutning, $z = 1000$.

Då, enligt formeln $d(z, zf) = z / zf$ får vi ett avstånd på
$d = 1000 / 0,000239$ $Mpc^{-1} = 4\ 184\ 100$ Mpc $= 13\ 640\ 166$ M ljusår $= 13,6 * 10^{12}$ ljusår.

Detta innebär att bakgrundsstrålningen är "resten" av ljuset som har färdats till oss från ett avstånd av ofantliga 13,6 tusen miljarder

Redshift factor, Absolute redshift, Galaxies red / blue distribution
Jan Slowak

ljusår!

Ett ljusår är cirka 9 461 miljarder km. Detta innebär att bakgrundsstrålningen är "resten" av ljuset som har färdats till oss under ofantliga 128 miljoner miljarder miljarder år!

Så bakgrundsstrålningen är inget "spår" efter Big Bang utan det är det försvagade ljuset från så ofantliga avstånd från oss att det är omöjligt att föreställa sig det!

Denna artikel grundar sig på mina tidigare tre publikationer, alla med titel
Bye-Bye Big Bang.

Jag är tacksam om läsaren kommer med synpunkter på min e-postadress:
jan.slowak@gmail.com

Ange ämnet: Redshift factor.

www.ingramcontent.com/pod-product-compliance
Lightning Source LLC
Chambersburg PA
CBHW050241230526
45470CB00005B/2050